新雅小百科

# 地球

新雅文化事業有限公司
www.sunya.com.hk

# 《新雅小百科系列》

　　本系列精選孩子生活中常見事物，例如：動物、地球、交通工具、社區設施等等，以圖鑑方式呈現，滿足孩子的好奇心。每冊收錄約50個不同類別的主題，以簡潔的文字解說，配以活潑生動的照片，把地球上千奇百趣的事物活現眼前！藉此啟發孩子增加認知、幫助他們理解世上各種事物的運作，培養學習各種知識的興趣。快來跟孩子一起翻開這本小百科，帶領孩子走進知識的大門吧！

**❶** 地球上不同事物的主題。

**❸** 通過真實照片，吸引孩子多觀察自然環境，提高孩子的觀察力。

天氣 粵 普

## 颱風
### Typhoons

　　颱風是一種北太平洋西部夏季時出現的天氣現象，這種熱帶氣旋的中心風速為每小時 118 公里或以上，附近常會伴隨暴雨。

　　颱風可以分為 3 個區域：風眼、眼壁和螺旋雨帶。風眼是颱風中心大約為圓形的區域，這裏風力相對較低，天氣也較為良好，有時甚至沒有降雨，還能看見藍天或星星。眼壁是風眼周圍的區域，這裏風力強勁，也有較大的降雨。螺旋雨帶是最外層的部分，它的形狀是細長的，走向與地面風基本一致，也會給地面帶來降雨。

| 分類 | 天氣 |
|---|---|
| 小知識 | 龍捲風也是一種會帶來災害的強風。龍捲風是快速運轉的漏斗狀氣柱，它的上端與雲相接，下端與地面或海相接。氣柱最下方接觸到陸地時稱為陸龍捲，接觸到海面則稱為水龍捲。 |

50　　51

**❷** 解說地球上的資源、地貌的形成；天氣和自然災害的成因。

**❹** 此欄目提供一些額外的趣味知識，吸引孩子的學習興趣。

**使用新雅點讀筆，讓學習變得更有趣！**

本系列屬「新雅點讀樂園」產品之一，備有點讀功能，孩子如使用新雅點讀筆，也可以自己隨時隨地聆聽粵語和普通話的發音，提升認知能力！

啟動點讀筆後，請點選封面 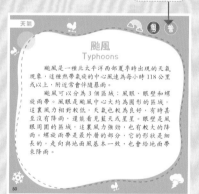，然後點選書本上的文字或照片，點讀筆便會播放相應的內容。如想切換播放的語言，請點選  圖示。當再次點選內頁時，點讀筆便會使用所選的語言播放點選的內容。

## 如何下載本系列的點讀筆檔案

1 瀏覽新雅網頁(www.sunya.com.hk) 或掃描右邊的QR code 進入 。

2 點選  下載點讀筆檔案 ▶。

3 依照下載區的步驟說明，點選及下載《新雅小百科系列》的點讀筆檔案至電腦，並複製至新雅點讀筆裏的「BOOKS」資料夾內。

# 目錄

## 🌐 地球

🌐 地殼 —— 8

🌐 大氣層 —— 10

🌐 水 —— 12

🌐 火 —— 14

🌐 樹木 —— 16

🌐 土壤 —— 18

🌐 化石 —— 20

🌐 礦物 —— 22

🌐 岩石 —— 24

🌐 化石燃料 —— 26

🌐 再生能源 —— 28

## 🐓 天氣

🐓 雨 —— 32

🐓 雲 —— 34

🐓 雪 —— 36

🐓 霜 —— 38

🐓 冰雹 —— 40

🐓 閃電 —— 42

🐓 雷暴 —— 44

🐓 彩虹 —— 46

🐓 風 —— 48

🐓 颱風 —— 50

🐓 極光 —— 52

🐓 潮汐 —— 54

##  地貌　　　　　　　　　　　　　  自然災害

| | | |
|---|---|---|
| 河流 —— 58 | 洞穴 —— 76 | 山火 —— 96 |
| 瀑布 —— 60 | 島嶼 —— 78 | 地震 —— 98 |
| 湖泊 —— 62 | 海峽 —— 80 | 火山爆發 —— 100 |
| 海洋 —— 64 | 森林 —— 82 | 暴雨 —— 102 |
| 珊瑚礁 —— 66 | 熱帶雨林 —— 84 | 海嘯 —— 104 |
| 溫泉 —— 68 | 沙漠 —— 86 | 山泥傾瀉 —— 106 |
| 冰川 —— 70 | 草原 —— 88 | 乾旱 —— 108 |
| 高山 —— 72 | 濕地 —— 90 | 溫室效應 —— 110 |
| 峽谷 —— 74 | 極地 —— 92 | |

地球
Earth

　　我們腳下的這顆藍色星球——地球誕生於約 46 億年前，是一個充滿生機的星球，屬於太陽系八大行星之一。

　　地球距離太陽約一億五千萬公里，每時每刻都在圍繞着太陽進行規律的自轉和公轉。這不僅為地球帶來了源源不斷的光和熱，也帶來了四季的更替和日夜的變換。

　　地球是太陽系中唯一表面有液態水存在的行星，表面約 70% 的面積都是海洋，其餘的是陸地。有了陽光、空氣和水份，讓地球上出現出了豐富多彩的生命，也演化出了我們人類。

# 地殼
## Crust

　　地球從外到內主要分為 3 層：地殼、地幔和地核。地球的最外層是地殼，由各種岩石組成。地殼包括海洋地殼和大陸地殼，不同地方地殼的厚度變化很大。大陸地殼較厚，平均為 40 公里；海洋地殼較薄，平均只有 6 公里。

　　地殼從形成以來，每時每刻都在不斷運動。這種運動引起了地殼厚度的不斷變化。最容易察覺的地殼運動就是地震，長期而緩慢的地殼運動則需要通過精密的儀器測量才會被人們發覺，比如科學家發現喜馬拉雅山脈的地殼仍在緩慢上升。

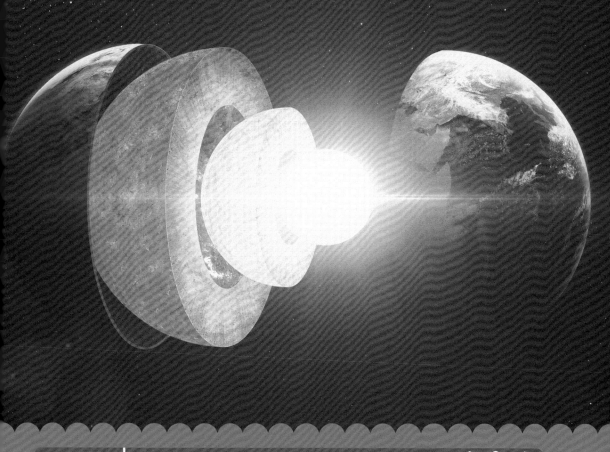

| 分類 | 地球  |
|------|------|
| 小知識 | 青藏高原是地球上地殼最厚的地方，這裏地殼的厚度達至70公里以上。大西洋南部靠近南極洲的地方，有一條南北走向的裂谷，這裏的地殼厚度只有1.6公里，被認為是地球上地殼最薄的地方。 |

# 大氣層
## Atmosphere

　　地球表面有一層厚度約為 10,000 公里左右的大氣，這就是地球上所有生物得以生存和發展的保護罩——大氣層。正是在大氣層的作用之下，地球才會有了氧氣，地面的溫度也可以保持在合適的範圍之內。大氣層幫助地面維持溫度。白天時，太陽的能量通過大氣層，可以均勻擴散到地面，地面的溫度可以緩慢升高。夜晚時，地面會將白天獲得的能量在空氣中散開，大氣層又能起到一定的保溫效果，從而讓地面溫度不會突然降得太低。

| 分類 | 地球 |   |
|------|------|------|
| 小知識 | 大氣層也保護人類免受隕石的傷害,來自宇宙的隕石降落至大氣層內,會與氣體發生劇烈摩擦,燃起大火。有的隕石會在燃燒期間碎裂成很多份,最終落到地面的隕石體積已經縮小了很多。 | |

# 水
## Water

　　水是地球上常見的一種物質，在一般情況下是無色無味的液體。海洋、河流、湖泊、冰川等中都含有大量的水。水不僅為地球生命的誕生提供了環境，也是組成各種生物最重要的部分，我們人體中約有 70% 是水分。

　　水有三種不同的形態，水是液態，冰是固態，水蒸氣是氣態。在攝氏零度以下，水會結冰；而在攝氏 100 度以上，水會變成水蒸氣。水的形態會在自然界中不斷變化，這種變化可以幫助地球調節溫度和熱量。

| 分類 | 地球  |
|------|------|
| 小知識 | 地球上的水資源主要是海洋等鹹水資源，只有總水量的2.5% 為淡水。淡水又主要以冰川和深層地下水的形式存在，河流和湖泊中的淡水僅佔世界總淡水的 0.3%。 |

# 火
## Fire

　　火是自然界中物質燃燒時出現的一種常見的化學反應，以光和熱形式釋放燃燒時產生的能量。火的可見部分叫做焰，根據燃燒的物質及純度的不同，火焰的顏色和亮度也會不同。

　　火的燃燒需要三個條件，分別是可燃物、高溫和助燃物（比如氧氣）。三個條件缺一不可，需要同時滿足才能生火。滅火設施的設計也與此相關：滅火毯可以迅速隔絕空氣，泡沫滅火器的泡沫能將火及燃燒表面隔離，二氧化碳滅火器會迅速降低着火點附近的溫度。

| 分類 | 地球 |   |
|------|------|---|
| 小知識 | 大部分的燃燒會產生橙紅色的火焰，一些特定物質的燃燒也會出現藍色、綠色等其他顏色的火焰。火焰分為焰心、內焰和外焰，火焰溫度由內向外依次升高。 | |

# 樹木
# Trees

　　樹木是具有木質樹幹及樹枝的植物，通常情況下可存活多年。樹木往往有一定的高度，分枝與地面有一定距離。

　　常見的樹木一般都有根、莖、葉這幾部分。樹木的根常常會固定在泥土中，通過根部吸取泥土中的水和養分。樹木的莖在支撐植物的同時，還將水和養分運輸到植物的各個部位。樹木的葉子在接收陽光後能通過光合作用為樹木製造養料。有的樹木會開花，用花朵來繁殖下一代。

| 分類 | 地球 |  |
|---|---|---|
| 小知識 | 樹木可以分為兩大類：針葉樹和闊葉樹。針葉樹的葉子窄而尖，又或者小而呈鱗片狀，常見的有雪松、雲杉等。闊葉樹的葉子相對寬大、扁平，有更明顯的葉脈，常見的有楓樹、櫻花等。 | |

# 土壤
## Soil

　　土壤指的是地球陸地表面的一層疏鬆物質，它一般包含了固體、液體和氣體 3 種物質。固體物質包括岩石風化後形成的礦物顆粒和動植物有機質分解後產生的腐植質。固體顆粒間的孔隙由氣體和水分佔據。土壤中的氣體與大氣中的氣體組成類似。土壤中的水分主要由地表進入土中，其中包括許多溶解的礦物質。健康的土壤培養微生物生長，給植物提供養分，促進植物生長。

| 分類 | 地球  |
|---|---|
| 小知識 | 土壤的顏色與所含腐植質的多少和土壤中的化合物種類有關。當腐植質含量多，土壤會呈現黑色；腐植質含量少，土壤就是灰色的。如果土壤展現出其他的顏色，就表示其中還含有一些化合物。 |

# 化石
## Fossils

　　化石是存留在岩石中的古生物的軀體或生活的痕跡。生活在遠古時期的動植物，它們的活動痕跡或死後遺體被泥沙迅速掩埋，其中柔軟的肉體被細菌和真菌分解，堅硬的外殼或者骨骼與周圍的沉積物一起被深埋到地下，經過千萬年的石化作用變成石頭。這就是我們見到的化石。現代科學家可以從化石中復原出古代動植物的樣子，推理出這些動植物的生存時間、生活習慣和生活環境，也可以發現生物的演化規律。

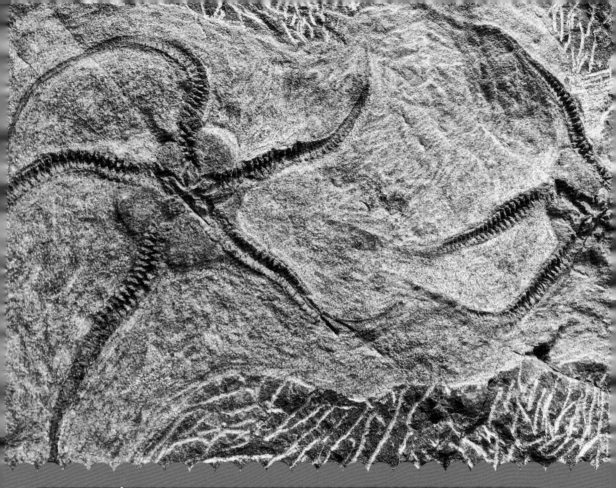

| 分類 | 地球 |
| --- | --- |
| 小知識 | 琥珀是植物化石的一種，它是松樹科植物的樹脂掩埋在地下後，經歷千萬年的高温和高壓形成的。有一些琥珀中還包裹了遠古時期的小動物遺體。 |

# 礦物
## Minerals

　　礦物是地質作用形成的天然單質或化合物，是組成地殼的基本物質，一般以結晶體的形式存在。有的礦物會裸露在地表，很容易被發現和挖掘，有的礦物則深埋在地下。自然界中至今已發現的礦物約有 3,000 多種。礦物資源與人類社會的發展息息相關：石膏、白雲石等礦物可以用來製作化學肥料，促進食物生長；鋁土礦、銅礦等金屬礦物，則可以提煉出金屬；石油、煤等能源礦物提供了不同種類的能源。隨着科學的發展，將會有更多的礦物被人類認識和使用。

| 分類 | 地球 |
|---|---|
| 小知識 | 現今已發現的礦物種類中，只有少數礦物呈現單一顏色。大多數礦物因摻入雜質，或因晶體存在缺陷（即原子或分子的排列不完美），同一種礦物往往會出現多種顏色的現象。 |

# 岩石
## Rocks

　　岩石是礦物、岩石碎塊或有機物質的天然集成體。根據岩石的形成模式，岩石可分成 3 種類別：火成岩、沉積岩及變質岩。

　　火成岩是熾熱的岩漿在冷卻和凝固後形成的岩石，比如常見的花崗岩。沉積岩又稱水成岩，它是由其他岩石和沉積物層層堆疊變得堅硬後形成的，石灰岩就是沉積岩的一種。變質岩一般是在地下深處經過高溫高壓的條件產生的，大理岩就是經過這種作用形成的岩石。

| 分類 | 地球 |
| --- | --- |
| 小知識 | 在地球表面的岩石圈中，分布得最多的是沉積岩，約佔地表岩石總面積的 70%。在這裏不僅可以找到豐富的礦藏，還可以找到古生物的化石和生活的遺跡。 |

# 化石燃料
## Fossils Fuel

　　化石燃料又被稱為礦石燃料，是曾經生活在地球上的古生物遺骸深埋在地下，經過數千萬至數億年的高溫高壓作用形成的可燃性礦物。

　　生活中常見的化石燃料，包括：煤炭、石油和天然氣。煤是遠古樹木化石的一種，表面是黑褐色，燃燒時能釋放出大量的熱能。石油與天然氣是浮游動植物的遺骸，這些古代生物遺骸堆積在岩層中，經過細菌、高溫、高壓在隔絕空氣的條件下，共同作用形成的。它們都是重要的能源資源。

| 分類 | 地球  |
|---|---|
| 小知識 | 化石燃料的價格相對可再生能源便宜，也容易儲存和運輸，但卻是不可再生的。這是因為它們需要經數以千萬年的自然過程才能形成，而且存量有限。因此也被稱為「不可再生能源」。 |

# 再生能源
## Renewable Energy

　　可再生能源是天然形成，並且在環境中可以重複產生的能源。可再生能源比化石燃料更加潔淨，對環境造成的污染要小得多。現在常見的可再生能源有太陽能、風能、海洋能、生物能、海浪能、水能和廢物能等。

　　太陽能分為「光熱轉換」和「光電轉換」兩種產能方式。「光熱轉換」是將太陽輻射轉換化為熱能，「光電轉換」是透過裝置將太陽輻射轉換為電能。水能是利用水從高向低流動時產生的巨大能量，推動機械旋轉，帶動發電機，將水力轉化為電力。

| 分類 | 地球 |
|---|---|

| 小知識 | 使用可再生能源可以為人類和環境帶來很多益處,例如改善環境、增加燃料的多樣性、確保能源供應穩定、促進區域的經濟發展等,也可以為未來的地球居民保留更多的化石資源。 |
|---|---|

天氣是一個地區距離地面較近的大氣層在短時間內發生的自然現象。這些天氣現象由太陽、空氣和水引發，常見的風、雨、雲、雪、霜、冰雹、閃電、雷暴等都屬於天氣現象。地球上不同地方每天都會出現各式各樣的天氣，影響我們的活動。因此，人們會通過收集和觀測氣溫、濕度、雨量等天氣數據預先分析，推理和判斷將會出現的天氣情況，做出天氣預報，讓我們能夠預早計劃要做什麼，穿什麼衣服。

# 雨
## Rainfall

雨是自然界中一種常見的降水現象。太陽的熱力令地球表面的水蒸發，變暖的水變成了水蒸氣上升至天空。在高空，水蒸氣遇冷會變回液態，凝結成小水滴。當小水滴累積在一起，變得越來越重，它們就會降落到地面，這就是雨。雨水又再進入河流、湖泊或海洋裏，因此地球上的水總是在循環流動。

人工降雨並不是用飛機在天空中灑水。而是將一些幫助水蒸氣凝結成小水滴的催化劑送入雲中，然後雲中的雨滴可以迅速增大，形成雨滴降落到地面。

| 分類 | 天氣 |  |
|---|---|---|
| 小知識 | 從天空中降落的雨滴是什麼形狀的？根據科學家的觀察，不同重量的雨滴形狀是不同的。直徑小於 2 毫米的細小雨滴通常都是球形的，而直徑 3 至 6 毫米較大雨滴的底部是扁平的，像一個個奶黃包。 | |

# 雲
## Clouds

　　地球表面的水在陽光的熱力下不斷蒸發，飄到高空的水蒸氣會隨着溫度的下降，凝結和聚集在灰塵小顆粒的周圍，形成一個個懸浮在空中的小水滴或小冰晶。幾百或幾千萬個小水滴或小冰晶聚集起來，就形成了雲。

　　小水滴或小冰晶原本是透明的，但它們立體的形狀可以折射和散射太陽光，經過它們的光線組成了白色，也就是雲的顏色。下雨之前，空氣中的小水滴變多，雲層變厚，可以透過雲的陽光也變少了，所以雲層看起來的顏色就變成灰色甚至是黑色了。

| 分類 | 天氣 |  |
|---|---|---|
| 小知識 | 依據雲距離地面的高度，可以將雲分為高雲，中雲和低雲這 3 個種類。其中距離我們最近的是低雲。依據雲的樣子和形態，又可以將雲分為卷雲、積雲和層雲。 | |

# 雪
## Snow

在中高緯度的地方，當冬季氣溫下降到攝氏零度以下，並且空氣較為濕潤時，雲中的小水滴會凝結成一個個小冰晶。小冰晶不斷移動，互相碰撞，慢慢地長成六角形的美麗雪花。雪花漸漸變大，越來越重，就會隨風降落到地面上，這就是降雪。

雪花是由一個個立體的晶體組成的，可以對光進行漫反射。因此雪看起來是白色的。蓬鬆的新雪具有很好的保溫效果，蓋在土地上還能夠幫助土地保持濕潤。所以覆蓋在白雪下面的莊稼可以安全過冬，不被凍傷。

| 分類 | 天氣 |
|---|---|
| 小知識 | 一片雪花的尺寸很小，重量也非常輕。微小的雪花直徑一般都在 0.5 毫米至 30 毫米之間，只有在極其精確的儀器上才能稱出重量，大約 3,000 至 10,000 個雪花加在一起才有 1 克重呢！ |

# 霜
## Frost

　　霜一般在溫度較低的時候出現，是空氣中水蒸氣凝結成的冰晶，聚集在溫度低於攝氏零度的物體表面上。霜的形成是水蒸氣的凝華現象，就是水蒸氣不先凝結成水滴而是直接凝固成冰晶。

　　與雨和雪這兩種降水不同，霜並不是從天空中落下來的，而是在近地面處形成的。通常情況下，隨着日出後地面溫度回升，霜很快就會融化。但是在天氣寒冷時或在陽光照射不到的地方，霜也可能終日不消。

| 分類 | 天氣  |
|------|------|
| 小知識 | 生長中的蔬果和糧食可能會因結霜而被凍傷。農作物表面結霜之後，這些部位的溫度會處於攝氏零度以下，如果結霜的時間太長就會出現凍傷的現象，嚴重時甚至會導致農作物死亡。 |

# 冰雹
## Hail

　　冰雹是強雷暴天氣時可能會產生的大冰粒。當這種天氣出現時，雲層中的水蒸氣會被帶到温度較低且氣流上下翻滾的凍結層。水蒸氣遇冷凝結，並且隨着氣流的劇烈運動不斷打滾，新上升的水蒸氣會附着上去，冰粒越滾越大。最後當上升氣流承受不住冰粒的重量時，這些冰粒便會跌落地面，形成落雹現象。

　　雹災是一種自然災害。快速降落的冰雹會打毀莊稼，損壞房屋。特大的冰雹甚至比柚子還大，會毀壞大片農田和樹木、摧毀建築物和車輛等。

| 分類 | 天氣 |
|------|------|
| 小知識 | 冰雹的橫切面就像一個縮小的洋蔥。中間是一塊不透明冰核，外部是一層一層的冰層。冰核是冰雹最初的形態，在雲端每經過一次上下運動，外部就會增加一層冰層，經過多次的劇烈翻滾，冰層也就會變得越來越厚。 |

# 閃電
## Lightning

　　閃電是經常出現在春季和夏季積雨雲中的一種惡劣天氣。因為積雨雲中的氣流在不斷地劇烈活動，存在於其中的水珠和冰粒便會因分裂而產生電荷，當正負電荷之間的電壓積累到達某種程度時，就會出現劇烈的放電現象。這時，會有極大的電流流經空氣，產生大量熱能，同時發出強光。這些強光有着樹枝狀的分叉閃光，這就是閃電。一般在閃電出現後的幾秒到十幾秒的時間內，會聽到「轟隆隆」的雷聲。

| 分類 | 天氣 |  |
|---|---|---|
| 小知識 | 閃電在發生的瞬間會釋放巨大的能量，人類為了避免雷擊的傷害，在高處或者空曠處的建築物上會安裝避雷針。避雷針可以把附近的電荷都吸引過來，然後引到地下去，保護建築物不受雷擊。 | |

# 雷暴
## Thunder

　　雷暴通常出現於春季和夏季積雨雲的雲層中。由於積雨雲內有氣流在急劇活動，雲中的水珠和冰粒便會分裂而產生電荷。一般來說，積雨雲不同部位帶有不同的電荷，正負電荷之間的電壓到達某程度時，就會出現放電的現象，放電的同時會產生大量熱能，令周圍的空氣急劇膨脹，產生巨大的聲音。這就是我們聽到的雷聲了。閃電和雷暴差不多是同時發生的，但光在空氣中傳播的速度比聲音快很多，因此人們總是先看到閃電然後才聽到雷聲。

| 分類 | 天氣 |
|---|---|
| 小知識 | 雷暴天氣來臨前，天文台往往會先發放訊息，我們出門前需要先確認目的地天氣狀況是否良好再決定行程。若在野外不慎遇到雷暴天氣，一定要注意防範雷擊：遠離山頂、電線杆或其他高處，也不要在樹下躲雨。 |

45

# 彩虹
## Rainbow

　　下過雨後的空氣比較濕潤，空氣中漂浮着很多肉眼看不到的小水滴。當太陽光照射到半空中的小水滴時，光線會被透明且立體的小水滴折射、反射後再折射，組成太陽光的色彩就會分散出現，在天空上形成拱形的七彩光譜，這就是彩虹。

　　彎彎的彩虹像一座小橋，從上而下依次呈現出紅、橙、黃、綠、藍、靛、紫7種顏色。在一些特殊的天氣條件下，太陽光線會在水滴內進行兩次反射，天空中便會出現特別的兩道彩虹的景觀。

| 分類 | 天氣 |
|---|---|
| 小知識 | 除了在雨後的天空，另一個經常可見到彩虹的地方是瀑布，那裏周圍充滿了細小的水滴。在晴朗的天氣下，背對陽光在空中灑水或噴灑水霧，也可以製造人工彩虹。 |

# 風
## Wind

　　風是空氣流動引起的自然現象。陽光照在地球表面，使地表空氣溫度升高，空氣受熱膨脹變輕向上升。熱空氣上升後，周圍的冷空氣就會流過去填補空缺，空氣的流動就形成了風。上升的空氣又因高空的低溫而逐漸冷卻變重，降落到地面成為冷空氣。在這種循環中，風也就會不斷產生了。

　　風是看不見，摸不到的，所以人們用風向和風速來描述風。風向是指風來的方向，一般用方位表示。風速是指空氣的移動速度，一般以每小時公里 (km/h) 或風級來表示。

| 分類 | 天氣 |  |
|------|------|------|
| 小知識 | 海洋和陸地吸收太陽輻射的能力不同，導致了兩者之間在冬季和夏季有較大的熱量差異，由此形成了方向大致上相反的季節性風系，稱為季候風。夏季風由海洋吹向大陸，冬季風由大陸吹向海洋。 | |

# 颱風
## Typhoons

　　颱風是一種北太平洋西部夏季時出現的天氣現象，這種熱帶氣旋的中心風速為每小時 118 公里或以上，附近常會伴隨暴雨。

　　颱風可以分為 3 個區域：風眼、眼壁和螺旋雨帶。風眼是颱風中心大約為圓形的區域，這裏風力相對較低，天氣也較為良好，有時甚至沒有降雨，還能看見藍天或星星。眼壁是風眼周圍的區域，這裏風力強勁，也有較大的降雨。螺旋雨帶是最外層的部分，它的形狀是細長的，走向與地面風基本一致，也會給地面帶來降雨。

| 分類 | 天氣 |  |
|------|------|------|
| 小知識 | 龍捲風也是一種會帶來災害的強風。龍捲風是快速運轉的漏斗狀氣柱,它的上端與雲相接,下端與地面或海相接。氣柱最下方接觸到陸地時稱為陸龍捲,接觸到海面則稱為水龍捲。 | |

# 極光
## Aurora

　　極光是一種僅出現在南北極圈內和附近地區的自然現象。極光是來自太陽風中的帶電粒子與地球大氣層中的粒子互相碰撞後，釋放出能量的同時發出五彩繽紛的光芒。

　　極光會隨着太陽活動的周期性發生變化，在太陽活動比較劇烈的時候，極光出現的頻率也會更高。極光出現的時間多在午夜12點前後，但是停留的時間非常不確定，有時候只會停留幾分鐘，有時候會停留一、兩小時。

Ken Phung/Shutterstock.com

| 分類 | 天氣 |
|------|------|
| 小知識 | 靠近北極圈的加拿大黃刀鎮中有一個遠近聞名的極光村（Aurora Village），這裏氣候乾冷，天氣晴朗無雲，一年大約有 250 天都能看到極光，被公認為是世界上觀賞極光的最佳地點之一。 |

# 潮汐
## Tides

　　海面水位通常每日都會有兩次漲潮和兩次退潮的現象，這就是潮汐。潮汐的變化主要受地球、月球和太陽三者之間的引力影響。每個月的新月或滿月前後，地球、月球和太陽三者在同一直線，這時候引力最大，水位會升得特別高，同時也會降得特別低，被稱為大潮。在上弦月或下弦月的時候，地球、月球和太陽三者成一直角，這時候引力最小，水位升降變化最小，被稱為小潮。一些特殊的天氣因素，也會導致潮水突然上漲，比如熱帶氣旋帶來的風暴潮。

| 分類 | 天氣 |
| --- | --- |

| 小知識 | 中國浙江省錢塘江入海口的海潮叫做錢塘潮。每年農曆八月十五這天，錢塘江湧潮最大，高度甚至可以達到數米。這一奇景天下聞名，每年都吸引了不少遊客前來觀看。 |

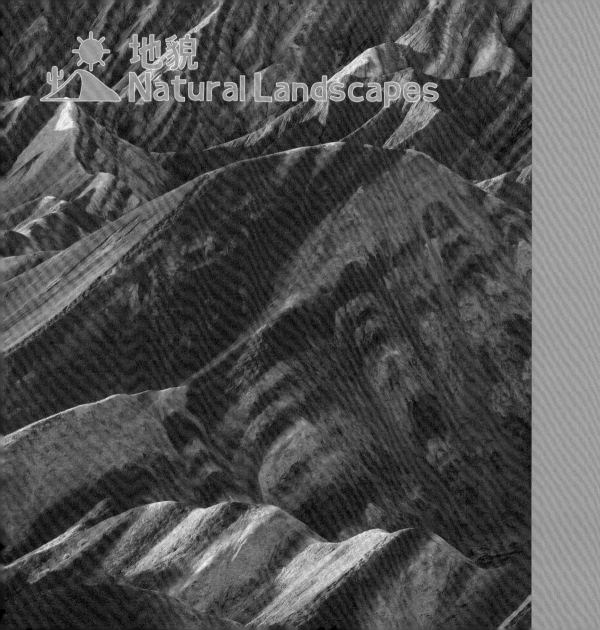

　　地貌是地球表面各種形態的總稱，是自然地
理環境中的一項基本要素。與城市水泥森林的景
致相比，自然界鬼斧神工的地貌美景更加氣勢磅
礴。地貌的形態多種多樣，河流、湖泊、海洋、
高山、峽谷等都是常見的地貌景觀。雖然不同的
地貌在外形上各有特色，但它們的形成都是地球
內部力量（如板塊運動）與外部力量（流水、風
力、太陽輻射、大氣和生物活動等）共同作用的
結果。

# 河流
## Rivers

河流指陸地上水量較大的天然水流，它們一般發源於海拔比較高的高原或高山，流向海拔比較低的丘陵或平原，有的最終會流入大海。流經地區的雨水、雪水、冰川融水及地下水等都可能匯入河流，補充河水。

河流從高處流向低處時，在流水本身的重力影響下，水流的流速很快，大力沖刷着河底和河岸，使河流逐漸變得更深、更寬，由小河逐漸變為大河。河流來到地勢較為平坦的地區後，水面會變得更加寬廣，流水的速度也會減慢。

| 分類 | 地貌 |
|---|---|
| 小知識 | 河流為人類提供了水源和物資，對於人類文明的形成產生了非常重要的作用。尼羅河、幼發拉底河、底格里斯河、恒河、黃河、長江等都是今天世界文明的重要源頭。 |

# 瀑布
## Waterfalls

　　河流或溪水在流經高度差較大的陡坡或懸崖時，會突然傾瀉而下，遠遠看去，就像一條白布垂落下來，這就是瀑布。瀑布上方奔騰的水流速度很快，不斷地拍打和磨損着周邊的崖壁。從高處跌落到低處的水流受到重力影響，大力地沖刷和撞擊着下方的石壁，因此，瀑布下方經常會形成瀑下深潭或瀑下潭坑，被稱為「跌水潭」。瀑布從高處傾瀉而下，流水撞擊着周圍的岩石，形成巨大聲音像雷聲轟鳴。流水和岩石碰撞出的水花飛濺，灑向四面八方。

| 分類 | 地貌 |  |
|---|---|---|
| 小知識 | 巨大的瀑布是壯美的自然景觀。世界上最著名的三大瀑布分別是：位於北美洲的尼亞加拉大瀑布、位於非洲的維多利亞瀑布和位於南美洲的伊瓜蘇瀑布。 | |

# 湖泊
## Lakes

　　湖泊是陸地的低窪處積蓄了很多水後，形成的一個比較封閉的寬闊水域。如果水從湖泊流進河流或溪澗中，那就是開口湖；如果湖泊被陸地包圍，沒有湖水流出的，則是封閉湖。湖泊由湖盆、湖水和水中所含的物質這三部分組成。

　　湖水的來源有很多種，降水、河流、地下水、冰雪融水等都有可能匯入湖泊中。按照成因進行分類，湖泊可分為構造湖、火山口湖、冰川湖、堰塞湖和人工湖等，其中人工湖就是有蓄水作用的水庫。不同湖泊水面的大小差異很大，小的僅幾十平方米，大的可達幾十萬平方公里。

| 分類 | 地貌 |
|---|---|
| 小知識 | 根據湖水中鹽度的多少，可將湖泊分為鹽湖、鹹水湖和淡水湖。察爾汗鹽湖是中國最大的鹽湖；世界最大的鹹水湖是位於歐洲和亞洲之間的裏海，而蘇必利爾則是世界面積最大的淡水湖。 |

63

# 海洋
## Oceans & Seas

　　地球表面被陸地分隔卻又彼此聯通的廣大水域就是海洋。水域的中間部分稱作洋，邊緣靠近陸地的部分稱作海。海洋總面積佔據地球表面積的 70% 以上，約達 3.6 億平方公里。

　　地球上有四個大洋，分別是太平洋、大西洋、印度洋和北冰洋；海的數量比較多，如東海、南海、地中海等。海洋和人類的生存息息相關，這裏產生了地球上至少一半的氧氣，是 70 多萬種生物的家園，還蘊藏着非常豐富的生物、礦產、珊瑚礁等海洋資源。

| 分類 | 地貌 |  |
|------|------|------|
| 小知識 | 海水中溶解的物質主要是氯化鈉，也就是廚房中常見的鹽，因此海水嘗起來有鹹味。四大洋的平均鹽度是不同的，其中大西洋的海水平均鹽度最高，而北冰洋的海水平均鹽度最低。 | |

# 珊瑚礁
## Coral Reefs

　　珊瑚礁主要是珊瑚的骨骼形成的礁石。在溫度和濕度都合適的海洋中，珊瑚會形成鈣質骨骼，加上各種貝類、石灰藻、有孔蟲等分泌的鈣質骨骼，日積月累膠結在一起，便逐漸形成大塊的礁體——「珊瑚礁」。

　　珊瑚礁在海洋生態系統中起着重要的作用，這裏有豐富的遮蔽物，為海底的多種生物提供安全的產卵場所，是幼魚和一些成年魚賴以生存的家園。因此，人們稱珊瑚礁是「海洋中的熱帶林」和「海洋中的綠州」。

| 分類 | 地貌 |
|------|------|
| 小知識 | 大堡礁是世界上最大的珊瑚礁羣，它位於澳洲的東北海岸，全長約 2,300 公里。大堡礁範圍內生長了約 400 種顏色各異的珊瑚，約 1,600 種魚類及約 4,000 種軟體動物，是一個豐富的海洋生態系統。 |

# 温泉
## Hot Springs

　　地下水被岩漿或者其他地熱加溫後，沿着岩石裂縫來到地表，形成的溫度明顯高於當地平均氣溫的泉水就是溫泉。根據所處位置地熱的不同，這些溫泉有的高於地面年平均溫度攝氏 5 至 10 度，有的會達到攝氏 70 度左右的高溫。有些溫泉呈現不同顏色，是因為泉水中含有不同的礦物質。由於形成溫泉需要特殊的地理條件，所以溫泉並不是隨處可見的。一些有多處溫泉的國家常常以此作為特色的旅遊資源，吸引世界各地的遊客前來，比如日本、冰島等。

| 分類 | 地貌 |
| --- | --- |
| 小知識 | 温泉中多含有很多種對人體健康有益的微量元素和礦物質，人類很早就開始使用温泉了。根據資料記載，在公元前 3,000 年或 4,000 年時，埃及人就開始使用温泉水來洗浴和治病了。 |

# 冰川
## Glaciers

　　冰川又被稱為冰河，是大量冰塊經過數百年堆積形成的像河川一樣的地理景觀。冰川一般分布在緯度比較高或者海拔比較高的地方，這裏的多年積雪是產生冰川的重要條件。多年積雪經過壓實、重新結晶、再凍結等作用而形成的冰川，具有一定的形態和層次。在重力和上方冰川壓力的共同作用下，下方的冰川會出現流動和滑動。

　　地球上的七大洲都有冰川分布，其中冰川面積分布最大的地區就是南極洲，這裏冰川最厚的地方超過 4,000 米。

| 分類 | 地貌 |
|------|------|
| 小知識 | 冰川的融化原本是一個相對緩慢而均勻的過程，但由於近年來全球持續變暖，世界各地冰川的面積和體積都出現了快速變薄和消退的現象，比如北極地區（包括格陵蘭）的冰川有明顯的整體退縮。 |

# 高山
## Mountains

　　高山是陸地上海拔比較高，並且最高處與最低處的海拔落差很大的地區，這裏山坡陡峻，山谷幽深。高山的形成經過數百萬年，與地殼板塊間的互相擠壓有關，因此高山一般不會單獨出現，很多高山會沿一定方向規律地分布，形成山脈。隨着海拔升高，高山上的溫度會不斷下降。一般情況下，每升高 1,000 米，氣溫會下降約攝氏 6.5 度，降水也會隨着海拔升高發生變化，也因此山腳至山頂的植物會出現明顯的不同。

| 分類 | 地貌 |
| --- | --- |
| 小知識 | 世界上海拔最高的高山是喜馬拉雅山脈的主峯——珠穆朗瑪峯，它位於中國和尼泊爾的邊境上，海拔 8,848.86 米。由於持續不斷的板塊運動，喜馬拉雅山脈仍在不斷上升中，珠穆朗瑪峯每年增高約 1.27 厘米。 |

# 峽谷
## Canyons

　　峽谷指的是坡度陡峭、深度大於寬度的山谷，它的橫剖面常呈「V」或「U」字型。峽谷一般是由於地殼的抬升和長期的流水侵蝕作用而形成的。峽谷底部的海拔比較低，其中多有河流流經，比如中國的黃河、長江這兩條河流，流經了三峽、劉家峽、青銅峽等巨型峽谷的谷底。一些峽谷在形成之後，由於氣候的變化，原本的河流消失，只剩下一條乾燥的乾谷。比如阿爾及利亞的阿拉克峽、美國的布萊斯峽等。

| 分類 | 地貌 |
| --- | --- |
| 小知識 | 中國西藏自治區的雅魯藏布江大峽谷被稱為世界上最深最長的河流峽谷,這條峽谷長 504.6 公里,平均深度為 2,268 米,最深處達 6,009 米。 |

# 洞穴
## Caves

　　洞穴是在不同的地質環境下，地表經過流水侵蝕或者風與微生物等其他外力的作用下而形成的巨大天然空心洞。它的形成及發展受到地質、地形、水文及天氣等多種因素的影響。

　　通常來説，洞穴主要分為以下 4 大種類：經過流水溶解侵蝕石灰岩所形成的溶洞，火山爆發冷卻後形成的火山岩洞，經過海浪長年累月不斷的衝擊及侵蝕形成的海蝕洞，以及冰川作用形成的冰川洞。

| 分類 | 地貌 |
| --- | --- |
| 小知識 | 石灰岩溶洞內有不斷「生長」的石頭：鐘乳石和石筍。鐘乳石從溶洞頂部向下生長，石筍則從溶洞底部向上生長。它們的生長十分緩慢，有些鐘乳石增長 1 厘米甚至需要大約 60 年的時間。 |

# 島嶼
## Islands

　　島嶼廣泛地分布在海洋、江河或湖泊中，是一種面積比較小的陸地。島嶼周邊被水圍繞，在水位較高的漲潮時仍不會被淹沒，可以維持人類的基本生存。島嶼的面積有大有小，面積較大的稱為「島」，面積較小的則稱為「嶼」；彼此之間距離較近的幾個島被稱為「羣島」。如果一個國家的整個國土都坐落在一個或數個島之上，那麼這個國家可以被稱為「島嶼國家」，簡稱「島國」，英國、日本、新加坡都是「島國」。

| 分類 | 地貌 |
| --- | --- |
| 小知識 | 世界上最大的島嶼是格陵蘭島，島嶼總面積約 216 萬平方公里。這座屬於丹麥的島嶼在北美洲的東北方，在大西洋和北冰洋之間。由於緯度比較高，氣候寒冷，島嶼大部分的面積被冰雪覆蓋。 |

# 海峽
## Straits

　　海峽是夾在兩片陸地之間，聯通了兩個或者多個相鄰的海或洋的區域。海峽一般是由於地殼的斷裂運動天然形成的，與周邊的海域相比，海峽內的海水比較深，水流也比較急。由於海峽的地理位置比較特殊，有很高的航運價值，有的海峽還在經濟或軍事上有着重要的地位。例如位於馬來半島與蘇門答臘島之間的馬六甲海峽，是連接太平洋與印度洋的要道，每年有五萬多艘船隻通過這裏，被稱為東南亞的「十字路口」。

| 分類 | 地貌 |
| --- | --- |
| 小知識 | 世界最寬的海峽是德雷克海峽，它位於南美洲和南極大陸之間，連接了太平洋和大西洋。海峽的寬度在 900 至 950 公里不等。同時，它也是地球上深度最大的海峽，最深的地方有 5,840 米。 |

# 森林
## Forests

　　森林指的是陸地上大範圍生長着茂密樹木的地區。不同緯度有着不同的氣溫和降水條件，森林中也生長着不同種類的樹木。據此可以把森林分為熱帶雨林、溫帶森林和針葉林 3 種類型。

　　森林覆蓋了地球陸地上大約 31% 的面積，為地球上大約 80% 的動物提供了賴以生存的家園。森林中的植物在進行光合作用時，會吸收大量的二氧化碳，釋放氧氣，能夠有效改善地球上的空氣質素，對抗溫室效應。

| 分類 | 地貌  |
|---|---|
| 小知識 | 森林有防風保土的功效。茂密的樹枝和樹葉就像一堵墻，能夠阻擋強風和暴雨進到森林內，保護森林內的水分和泥土。掉落的枯枝和枯葉經分解後形成的腐植層不但可為植物提供養分，還能保護土層，防止水土流失。 |

# 熱帶雨林
## Tropical Rainforests

　　熱帶雨林是生長在赤道附近的一種森林。由於赤道地區全年氣候炎熱，雨量充沛，雨林中的樹木生長的速度非常快。根據生長的高度不同，這裏的植物可以分為 3 個層次：由樹木的頂部組成的最高層，依附於大樹幹生長的附生植物組成的中層，和由底部小樹組成的底層。

　　茂盛的樹木為不同種類的動物們提供了豐富的食物和良好的棲息地。雖然熱帶雨林在地球表面的覆蓋率不到 3.6%，卻擁有全球一半以上的植物和動物物種呢！

| 分類 | 地貌 |
|---|---|

| 小知識 | 全球最大的熱帶雨林是位於南美洲的亞馬遜雨林，這個雨林橫跨了包括巴西、哥倫比亞、秘魯等在內的 8 個國家。亞馬遜雨林佔世界雨林面積的一半，也是世界上物種最多的熱帶雨林。 |
|---|---|

# 沙漠
## Deserts

　　沙漠主要指地面完全被沙所覆蓋、植物非常稀少、缺乏降雨、空氣乾燥的荒蕪地區。沙漠中分布着小面積的鹽湖和有植被覆蓋的綠洲，沙漠中的居民多數生活在這些地方。由於沙漠中氣溫高、水分少，能在這種環境中生存下來的動植物都有自己獨特的生存技巧。例如耳廓狐用大耳朵散發體溫，蛇和蠍子長着防止水分失散的外骨骼等。生活在此地的仙人掌等植物，不僅有着發達的根系，葉子也進化成了尖刺，減少水分的蒸發。

| 分類 | 地貌 |
|---|---|
| 小知識 | 撒哈拉沙漠是世界上最熱、最大的沙漠。它位於非洲北部，東到紅海，西到大西洋，總面積超過 940 萬平方公里，與美國本土的面積差不多。白天，沙漠的地表溫度可達攝氏 70℃ 至 80℃。 |

# 草原
## Grasslands

　　草原是在降雨較少、較乾旱環境下形成以草本植物為主的地區，是地球上分佈最廣的生態系統之一。草原可分為熱帶草原和温帶草原兩種類型，貫穿歐亞兩個洲中部的歐亞草原區是地球上面積最大、目前保存最完整的草原區。

　　對人和動物們來說，草原是重要的生活環境。草原養育了斑馬、羚羊等大量的食草動物，牧民們在草原上放養牛、羊、馬等動物。此外，草原還有防風固沙、涵養水源、調節氣候等重要生態功能。

| 分類 | 地貌 |
|------|------|
| 小知識 | 每年 6 月左右，隨着非洲坦桑尼亞大草原的雨季結束，草原上的食草動物會長途跋涉 3,000 多公里，尋找水草豐茂的新家園，上演地球上最壯觀的動物大遷徙——東非動物大遷徙。 |

# 濕地
## Wetlands

　　濕地是一種與水息息相關的生態系統。多數情況下指的是水陸交接地帶的自然生態環境，例如小溪、河流，沼澤、紅樹林等；此外，還有人造濕地，例如漁塘、水田和排水道等。

　　濕地是很多水禽和兩棲類動物的家園。位於熱帶或亞熱帶的濕地是很多鳥類遷徙時的中轉站和越冬之地。遷徙過程中，鳥類可以在這裏獲得食物，進行休息和補充能量。對人類來說，濕地有儲水、防洪、淨化水質和穩定氣候等多種作用。

| 分類 | 地貌 |
| --- | --- |
| 小知識 | 紅樹林是一種特殊的濕地，也是香港最重要的生態系統之一。紅樹生長於海水和淡水的交界處，紅樹的落葉碎屑是海洋生物的食物之一，海洋生物會將食物資源豐富的紅樹林當作棲息、交配和養育幼崽的場地。 |

# 極地
## Polar Zones

　　極地是位於地球兩極附近的區域，這裏以南極點和北極點為中心，四周延伸到南極圈和北極圈附近。由於位於地球的最南端和最北端，極地區域接收到的太陽光非常少，溫度也特別低，每月的平均氣溫都在攝氏零度以下，因此全年都覆蓋着厚厚的冰層。

　　極地有非常特殊的晝夜交替現象——永晝和永夜。永晝指的是在約六個月的時間段內，太陽一直在天上，天空總是亮的；而在永夜的另外六個月中，太陽不會升起，天空總是黑的。

| 分類 | 地貌 |
| --- | --- |

| 小知識 | 雖然極地氣候寒冷，但仍然是不少動物的家園。比如企鵝和北極熊，牠們擁有濃密的羽毛或皮毛，還有厚厚的皮下脂肪，這些都可以幫助牠們在極低的溫度下生存。 |

自然災害
Natural Disasters

自然災害指的是自然界中發生的異常現象，自然災害既包括了山火、地震、火山爆發、暴雨、海嘯、山泥傾瀉等突發性災害；也有乾旱、溫室效應等在較長時間中才能逐漸顯現的漸變性災害；自然災害不僅威脅到人類的生命，還會影響到人類的生活環境，因此要多多關注自然環境的變化，提高危機意識。

# 山火
## Hill Fires

　　在天氣乾燥的秋冬季節，草木茂盛的地方濕度下降，變得容易點燃，發生山火。山火可能因雷電、高溫等自然現象引發，也有可能由人為疏忽引起。在林地中亂扔未熄滅的火柴或煙蒂、不正確地焚燒垃圾、燃放煙花等都可能造成山火。如遇上大風，山火還會加速蔓延。

　　山火是大自然的敵人，會破壞自然生態環境，焚毀林木，使野生動物喪命或無處棲身。山火產生的濃煙不僅會加劇溫室效應，還會造成空氣污染，危害人類健康。

| 分類 | 自然災害 |
|------|---------|

| 小知識 | 山火一旦被點燃,蔓延的速度將會非常快。如果登山時不幸在附近發現山火,要沿着逆風的方向快速離開,不應冒險嘗試繼續行程,以免為山火所困。 |

# 地震
## Earthquakes

地震指的是地球表層產生的震動，是地球內部釋放能量的一種方式。當地殼內部因為能量分布不均勻而發生劇烈運動時，地球表面的岩石圈會隨之出現移位和破裂，巨大的能量以地震波的形式由這些斷裂處向周圍傳播，直到地球表面，引起地表的震動，形成地震。

地震開始發生的地點稱為震源，震源正上方的地面稱為震中。劇烈的地震常常造成建築物的損害和人員傷亡，能引起火災、水災，還可能造成海嘯、地裂縫等次生災害。

| 分類 | 自然災害  |
|---|---|
| 小知識 | 地球上每年約發生 500 多萬次地震，不過，它們之中大多數威力都比較小或距離居民比較遠，人們感覺不到。科學家會使用地震儀來日夜監測和記錄着不同強度、不同遠近的地震。 |

# 火山爆發
## Volcanic Eruptions

　　火山爆發是一種自然現象。當地球內部的熔融物質——岩漿上升到岩石圈的表層時，隨着來自上方的壓力減小，這些岩漿就會沿着斷層或薄弱的地方衝破地殼，造成火山爆發的自然現象。

　　猛烈的火山爆發會吞噬、摧毀大片的土地，對火山周圍的自然環境造成極大的破壞。火山爆發時噴出的大量火山灰和火山氣體，也會隨風散布到很遠的地方，對氣候造成極大的負面影響。但這些火山灰富含養分，覆蓋在農田上能使土地更肥沃。

| 分類 | 自然災害 |  |
|---|---|---|
| 小知識 | 火山噴發之前，許多動物似乎知道大禍即將臨頭，往往會提前離開居住已久的家園，紛紛逃離。在印度尼西亞爪哇島上有一種奇特的植物，在火山爆發之前會開花，當地居民把它叫做「火山報警花」。 | |

# 暴雨
## Rainstorms

　　暴雨指降水強度很大的雨，這種降雨常在積雨雲中形成。產生暴雨需要同時滿足以下 3 個條件：充足的水汽供應，冷熱氣流相遇後的抬升作用和不穩定的大氣。暴雨來臨時，如雨量超出排水系統負荷，便可能發生水浸。如果在室內時遇到水浸危險，洪水不斷湧入屋內，應到屋內的最高處暫避；如在戶外，應立即往高處暫避。

　　短時間的暴雨危害較輕，而長時間的暴雨往往造成水浸災害、山泥傾瀉、堰塞湖等嚴重次生災害，也會造成重大的經濟損失。

| 分類 | 自然災害 |
| --- | --- |
| 小知識 | 香港將暴雨分為 3 個等級，天文台會按雨量發出不同的暴雨警告信號，提醒市民暴雨將至，且雨勢可能持續。「黃色暴雨」表示廣泛地區已錄得或預料每小時會有超過 30 毫米雨量、「紅色暴雨」會有超過每小時 50 毫米雨量、「黑色暴雨」則會有每小時超過 70 毫米雨量。 |

# 海嘯
## Tsunami

　　海嘯是一種具有強大破壞力的滔天大浪。當海底地震、海底火山爆發或海底山泥傾瀉發生後，會引起海水的劇烈起伏，這種特殊的海浪來到岸邊時，會形成高達幾十米的巨浪，將沿海地帶一一淹沒。這種自然現象就是海嘯。

　　海嘯來到前，海平面可能會急速下降，海水會像退潮一樣不斷後撤，這是海嘯來臨前的先兆現象。隨之而來的猛烈海嘯會撞擊甚至摧毀沿岸的基建設施，海中漂浮的船隻也會損毀，給人類的生命和財產安全帶來巨大損害。

| 分類 | 自然災害 |
| --- | --- |

| 小知識 | 香港天文台設置了海嘯警報，如預料香港附近的南太平洋海域發生的強烈地震會引發海嘯，天文台會根據影響的程度和海嘯達到的時間，發出海嘯報告提前警告市民。 |

# 山泥傾瀉
## Landslides

　　山泥傾瀉是泥、沙、石塊甚至是巨石等固態物質與水混合後，在重力作用影響下，產生的流動現象。形成山泥傾瀉需要 3 項基本條件：鬆散的堆積物、足夠的水量、陡峭的地形。

　　在水量急劇增加的天氣情況下，例如颱風、暴雨等造成降雨量急劇增加時，一些地表植被較少的陡坡地區，泥土和石頭會在水流的急速沖刷之下突然下滑，造成山泥傾瀉。這種自然災害常常會沖毀公路、鐵路等交通設施甚至村鎮，給人們的生活帶來巨大的損失。

| 分類 | 自然災害 |
|---|---|

| 小知識 | 暴雨天氣會大大增加發生山泥傾瀉的可能性。所以當遭遇到暴雨天氣時，不要在河流和山谷等海拔較低的地方停留，防止河水暴漲或者發生山泥傾瀉現象。 |

粵　普

# 乾旱
## Droughts

　　乾旱是指某一個地方長期少雨甚至無雨，導致土壤中水分不足，影響到人類正常的生產和生活的天氣災害。由於降雨的地區分布並不平均，乾旱從古至今都是人類面臨的主要自然災害之一。

　　乾旱可以由自然因素導致，也與人類活動及應對乾旱的能力有關。一般來説，長時間沒有降水或降水偏少是造成乾旱的主要因素；本地水利設施的不足，當地生活、生產不合理用水導致的用水量增加，以及人口的快速增長等原因，也會加劇乾旱的情況。

| 分類 | 自然災害 |
|------|---------|

| 小知識 | 為了應對乾旱，人類想出了很多辦法。一些地方會修建水渠、水庫等水利設施，在降水較多的季節將水資源儲存起來。科學家還會培育出新的耐旱農作物，充分利用有限的降雨。 |

# 温室效應
## Greenhouse Effect

　　生活中的玻璃房就是典型的温室。太陽光直接照射進玻璃房內，加熱室內空氣，玻璃阻擋了室內的熱空氣向外散發，使室內保持較高的温度。

　　地球表面日趨嚴重的温室效應也是同樣的道理。地球的熱量源於太陽輻射，太陽輻射透過大氣層來到地面，未被地表吸收的熱量則會穿過大氣層散發出去。包裹住地球的大氣層中有以二氧化碳為主的温室氣體，過多的温室氣體阻擋了地球的正常散熱，使地球上的温室效應異常加劇，導致了全球暖化。

| 分類 | 自然災害 |  |
|---|---|---|
| 小知識 | 近年來，地球全球變暖造成了非常嚴重的後果。比如地球兩極的冰川一定程度的融化，致使全球的海平面上升，對於全球城市分布、農業發展、海洋生態以及水循環等都會帶來很大影響。 | |

新雅小百科系列
**地球**

編　　寫：新雅編輯室
責任編輯：胡頌茵
美術設計：郭中文
出　　版：新雅文化事業有限公司
　　　　　香港英皇道 499 號北角工業大廈 18 樓
　　　　　電話：(852) 2138 7998
　　　　　傳真：(852) 2597 4003
　　　　　網址：http://www.sunya.com.hk
　　　　　電郵：marketing@sunya.com.hk
發　　行：香港聯合書刊物流有限公司
　　　　　香港荃灣德士古道 220-248 號荃灣工業中心 16 樓
　　　　　電話：(852) 2150 2100
　　　　　傳真：(852) 2407 3062
　　　　　電郵：info@suplogistics.com.hk
印　　刷：中華商務彩色印刷有限公司
　　　　　香港新界大埔汀麗路 36 號
版　　次：二〇二三年十二月初版

ISBN: 978-962-08-8290-6
© 2023 Sun Ya Publications (HK) Ltd.
18/F, North Point Industrial Building,499 King's Road, Hong Kong.
Published in Hong Kong SAR, China
Printed in China

鳴謝：
本書照片由 Shutterstock 及 Dreamstime 授權許可使用。